AF371227

EXTRAIT DES MÉMOIRES

DE LA

SOCIÉTÉ ZOOLOGIQUE

DE FRANCE

POUR L'ANNÉE 1894

ÉTUDES SUR LES FOURMIS

(QUATRIÈME NOTE)

Pelodera DES GLANDES PHARYNGIENNES DE *Formica rufa* L.

par Charles JANET.

PARIS

AU SIÈGE DE LA SOCIÉTÉ ZOOLOGIQUE DE FRANCE

7, Rue des Grands-Augustins, 7

—

1894

EXTRAIT DES MÉMOIRES DE LA SOCIÉTÉ ZOOLOGIQUE DE FRANCE
Tome VII, page 45, année 1894.

ÉTUDES SUR LES FOURMIS

(QUATRIÈME NOTE)

Peloderu DES GLANDES PHARYNGIENNES DE *Formica rufa* L.

par Charles JANET.

L'existence des Nématodes chez les Fourmis a déjà été signalée sommairement. Forel (**3**, p. 424) dit : « On trouve quelquefois des Nématoïdes, parasites, dans l'abdomen des Fourmis ; Gould en parle déjà (1747) ; j'en ai trouvé chez le *L. flavus* ♀ . »

Von Linstow, dans son *Compendium der Helmintologie* (**6**, p. 305) ne cite, en fait de Fourmi, qu'une *Formica* indéterminée : « *Formica* spec. ? *Gordius formicarum* v. Siebold, Stettin. entomol. Zeit. 1843. p. 81 ; Kirby and Spence, *Einleit. in. d. Entomol.*, IV. p. 238. Abdom. » Le même auteur, dans son *Nachtrag* (**7**, 1889) ne cite aucune autre Fourmi.

Il résulte de mes observations que les glandes pharyngiennes des Fourmis (*Formica rufa* L. *Lasius flavus* Fab., etc.) renferment parfois des larves de Nématodes dont le nombre peut être de plusieurs centaines pour un seul individu (Janet, **4**, p. 700).

La cuticule chitineuse du pharynx des Fourmis (fig. 1) constitue un squelette rigide sur lequel s'insère tout un système de muscles servant à lui imprimer les mouvements de dilatation et de constriction qui produisent l'aspiration et le refoulement des liquides nutritifs. Sa forme est aplatie dans le sens dorso-ventral, et sa partie la plus éloignée de la bouche forme sur ses côtés deux angles où viennent déboucher deux glandes importantes ayant chacune la forme d'un sac très ramifié et que nous désignerons sous le nom de glandes pharyngiennes (*Glandulæ verticis* Meinert, **5**, pl. I, fig. 1 et 2).

Chez *Formica rufa* chacune de ces glandes se divise immédiatement en un grand nombre de tubes cylindriques dont une partie descendent devant les ganglions optiques tandis que le plus grand nombre s'étalent au-dessus du cerveau, le séparent des téguments, et s'étendent jusqu'auprès des ocelles (fig. 2).

Si l'on enlève avec soin les téguments de la partie supérieure de la tête on met ces glandes à nu et en sectionnant le tube digestif d'un côté près de la bouche, de l'autre à sa sortie du trou œsophagien, on peut les enlever en même temps que le pharynx.

Ayant effectué cette opération sur une *Formica rufa* et ayant

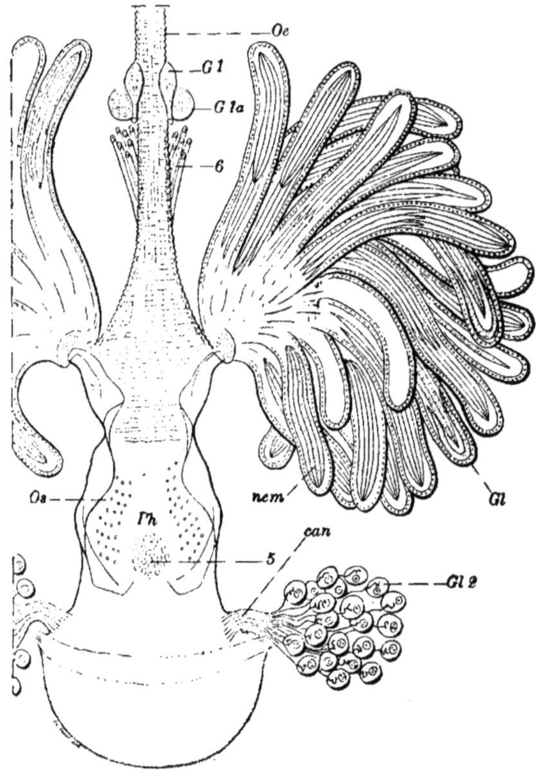

Fig. 1. — Gross. 50. Pharynx d'une *Formica rufa* ☿ dont les glandes pharyngiennes sont envahies par des larves de *Pelodera*. Isolé par dissection de la tête d'un individu préalablement fixé par immersion dans l'eau chaude.

Ph, pharynx ; *Os*, organes sensitifs ; *5*, insertion du grand muscle dilatateur inférieur du pharynx ; *Gl2*, glandes débouchant à peu de distance de l'orifice buccal : *can*, canaux des glandes précédentes ; *Oe*, œsophage ; *6*, muscles rétracteurs de la partie sous-cérébrale de l'œsophage ; *Gl*, ganglions du système sympathique ; *Gl4a*, deuxième paire de ganglions du système sympathique ? (*Corpora incerta* de Meinert) ; *Gl*, tubes des glandes pharyngiennes contenant des larves de *Pelodera* ; *nem*, larves de *Pelodera* groupées pour la plupart en paquets fusiformes.

déposé la préparation dans une goutte d'eau, les deux glandes examinées avec un faible grossissement se sont présentées sous la forme de deux bouquets de tubes d'un beau jaune tous animés de

mouvements de flexion et de balancement. La figure 1 représente
une préparation de ce genre, mais faite sur une Fourmi préalablement fixée par immersion dans l'eau chaude).

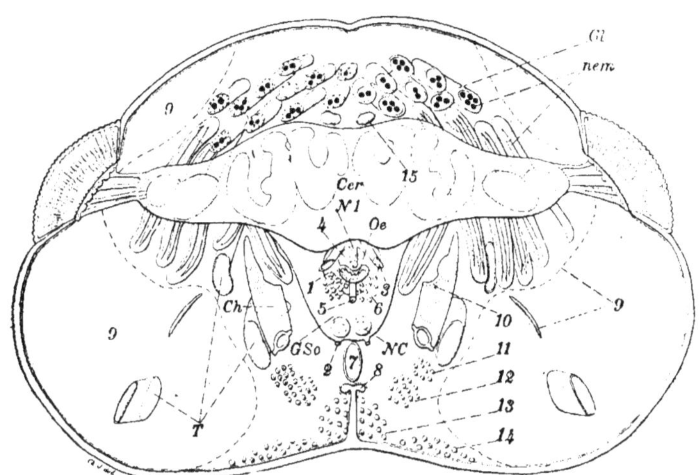

Fig. 2. — Gross. 50. Coupe transversale de la tête d'une *Formica rufa* ouvrière
dans laquelle les tubes des glandes pharyngiennes sont envahis par un grand
nombre de larves de *Pelodera*. La tranche relativement épaisse représentée sur
cette figure est vue par sa face postérieure.

Gl, tubes des deux glandes pharyngiennes. Les uns descendent en passant
devant les ganglions optiques. Les autres s'étalent au-dessus du cerveau ; *nem*, larves
de *Pelodera* logées dans les glandes pharyngiennes. Dans les tubes qui descendent
devant les ganglions optiques on voit les Nématodes dans leur entier par transparence. Les Nématodes contenus dans les tubes qui s'étalent au-dessus du cerveau
sont coupés transversalement et représentés par des cercles noirs ; *Cer*, cerveau
coupé à la hauteur des yeux, montrant ses calices internes et externes. Sur les
côtés on voit les masses médullaires internes et externes des ganglions optiques :
1, trou œsophagien ; *GSo*, ganglion sous œsophagien ; *NC*, connectifs de la chaîne
ganglionnaire ; *2*, nerfs accompagnant les trachées et le canal de la glande qui
aboutit au labium ; *3*, trachées du trou œsophagien ; *4*, sinus où aboutit l'aorte ;
N1, nerf viscéral impair ; *Oe*, œsophage ; *5*, tendon du grand muscle dilatateur
inférieur du pharynx ; *6*, brins musculaires rétracteurs de la partie sous cérébrale
de l'œsophage ; *7*, canal de la glande qui aboutit au labium (glande séricigène de
la larve) ; *8*, crête chitineuse longitudinale ; *9*, muscle adducteur mandibulaire
(représenté seulement par son contour et la lame chitineuse sur laquelle il s'atta-
che) ; *10*, muscle adducteur maxillaire (représenté seulement par son point d'insertion sous l'une des grandes traverses) ; *11*, muscle adducteur labial ; *12*, muscle
abducteur labial ; *13*, muscle abducteur maxillaire ; *14*, muscle abducteur mandibulaire ; *Ch*, grandes traverses : ce sont deux tubes de chitine qui, partant des
côtés du trou occipital dans le voisinage duquel ils sont réunis par le tentorium
traversent la tête longitudinalement de part en part et aboutissent un peu au-dessus
du cadre articulaire des mandibules ; *T*, les trois grands troncs trachéens longi-
tudinaux de la tête ; *15*, trachées supra-cérébrales.

L'examen fait à un plus fort grossissement me fournit immédiatement l'explication de ces mouvements. Presque tous les tubes

étaient occupés par de nombreux Nématodes dont ils reproduisaient tous les mouvements. Une légère pression sur la lamelle qui recouvrait la préparation suffit pour faire sortir environ une cinquantaine de ces parasites, tandis qu'il en restait encore un plus grand nombre dans l'intérieur des tubes.

J'ai fait la même recherche sur un bon nombre d'individus pris dans le même nid artificiel ; tous m'ont fourni le même résultat : la colonie tout entière était bien réellement infestée de ces parasites. Malgré cet envahissement, les Fourmis étaient en bon état et paraissaient bien portantes : c'était un élevage provenant d'une récolte faite le 25 mars à la lisière du bois au-dessus du cimetière de Saint-Just-des-Marais, près Beauvais, nid qui m'avait fourni également des *Myrmecoxenus* et bon nombre d'animaux myrmécophiles. L'observation des Nématodes était faite six mois après la récolte.

La même recherche faite sur plusieurs individus de la même espèce, mais provenant d'une autre localité et élevés dans un autre nid artificiel demeura sans résultat.

Pour obtenir en grand nombre les Nématodes des glandes pharyngiennes d'une *Formica rufa*, il suffit de dissocier sans aucune précaution particulière la tête d'un individu pris dans un élevage qui en soit infesté. Examinés immédiatement, ils montrent souvent une coloration jaune due au liquide sécrété par la glande qu'ils habitaient.

La dissociation de l'abdomen d'un certain nombre de Fourmis ne m'a donné jusqu'ici aucune larve de *Pelodera*, même lorsque la tête des individus ainsi examinés en contenait un grand nombre.

Au milieu d'une des chambres du nid artificiel qui m'a fourni cette espèce infestée de Nématodes, les Fourmis avaient formé un petit tas de détritus humides dans lesquels j'ai également reconnu la présence de *Rhabditis* ressemblant beaucoup aux précédents, mais notablement plus grands, sexués et bien pourvus de produits génitaux. Pour les isoler, il m'a suffi de placer une très petite quantité de ces détritus au milieu d'un linge fin mouillé, d'en former un nouet de la grosseur d'un pois que j'ai suspendu au-dessus et au contact d'une goutte d'eau disposée au milieu d'une lame porte-objet, puis de les abandonner sous une cloche formant chambre humide. Au bout de quelques heures, la goutte d'eau était remplie de Nématodes.

Grâce à une légère buée déposée sur la lamelle, j'ai pu voir la trace d'un certain nombre d'entre eux qui étaient sortis de la goutte d'eau et avaient circulé à la surface humide du verre, comme ils

circulent à l'état de liberté à la surface humide des détritus sur
lesquels ils vivent.

Les Nématodes que je trouve à l'état libre dans les détritus de
mes nids ne sont autres que ceux qui, à un stade larvaire, habitent
les glandes pharyngiennes et se nourrissent du liquide sécrété par
ces glandes. Je l'ai vérifié en élevant les larves extraites de ces
glandes.

J'ai coupé les têtes d'un bon nombre de *Formica* infestées et je
les ai placées, sans les dissocier, chacune dans une gouttelette d'eau
sur une lame de verre. Au bout de quelques heures, mais surtout le
lendemain matin, je constatai qu'un certain nombre de larves étaient
sorties spontanément et se mouvaient dans le liquide ambiant. Bien
que toutes les têtes ainsi traitées fussent infestées, le nombre des larves sorties de chacune
d'elles était fort variable. Un certain nombre
n'en avaient fourni aucune, tandis que d'autres
en avaient donné jusqu'à cinquante.

Dès le premier examen, on constate qu'elles
sont de deux tailles bien différentes. Le plus
grand nombre (fig. 3) ont en moyenne 220 μ
de long et sont peu mobiles. Les autres (fig. 4),
fort peu nombreuses et beaucoup plus agiles,
ont une taille à peu près double.

Les plus petites sont de jeunes larves qui,
récemment écloses, ont pénétré depuis peu de
temps dans les glandes pharyngiennes de la
Fourmi et ne s'y sont encore que bien peu
développées. Ainsi que je le montrerai plus
loin, les jeunes larves qui sont ainsi encore
capables de sortir spontanément des glandes

Fig. 3. — Jeune larve
qui, après être entrée
récemment dans les
glandes pharyngien
nes d'une *Formica
rufa*, en est sortie
spontanément lors-
que la tête a été cou-
pée et déposée dans
une goutte d'eau.
Gross. 200.

de la Fourmi (fig. 3) ont à peu près exactement la même longueur
qu'au sortir de l'œuf (fig. 10) ; elles sont seulement un peu plus
renflées. La presque totalité de ces jeunes larves sont des femelles.
L'emplacement de l'orifice génital est indiqué par un petit épaissis-
sement du tégument qui, sur une longueur de 8 μ, présente parfois
l'aspect d'une ligne brillante. Au droit de cette ligne se trouve un
petit corps ovoïde ayant 6 sur 3 μ, placé longitudinalement, et qui
n'est autre chose que le rudiment de l'ovaire. La moitié de ce corps
ovoïde est logée dans une petite dépression qu'il produit à la surface
du tube digestif. Le collier nerveux qui entoure l'œsophage est
bien visible.

Les dimensions moyennes d'un bon nombre d'individus mesurés sont :

	Dimensions en millièmes de millimètre.	Dimensions relatives rapportées à la longueur totale prise pour unité.
Longueur totale du corps	220	1,00
Distance de l'extrémité céphalique au pore excréteur. . .	36	0,25
Distance de l'extrémité céphalique au milieu du rudiment génital	132	0,60
Distance du milieu du rudiment génital à l'anus.	66	0,30
Distance de l'anus à l'extrémité caudale	22	0,10
Longueur du vestibulum buccal.	12	0,05
Longueur de l'œsophage vestibulum et bulbe compris. .	70	0,31
Diamètre maximum du corps.	16	0,07

Je n'ai pu parvenir à élever ces petites larves de 220 µ de longueur sorties spontanément des têtes coupées. Dans une expérience où j'avais obtenu pendant la durée d'une nuit une quarantaine de ces jeunes larves sorties toutes d'une seule tête, je les ai retrouvées dans le milieu nutritif où je les avais placées à peu près toutes complètement immobiles. J'ai continué à les observer pendant une dizaine de jours, mais j'ai fini par n'en plus retrouver que deux ou trois se mouvant à peine.

Les plus grosses des larves sorties spontanément des têtes de Fourmis déposées dans une goutte d'eau sont celles qui, ayant acquis tout le développement dont elles sont susceptibles pendant leur période de parasitisme, étaient sur le point de quitter leur hôte (fig. 4). Ainsi que je l'ai dit plus haut, la taille est à peu près double de ce qu'elle était au moment de l'entrée dans la glande. Le rudiment de l'ovaire n'a pas changé de forme mais ses dimensions sont aussi à peu près doublées (6×14 µ). La queue, modérément effilée, présente généralement à ce stade une petite pointe précédée d'un rétrécissement brusque.

La longueur de ces grosses larves arrivées au terme de leur stage dans les glandes des Fourmis est de 400 à 440 µ.

	Dimensions en millièmes de millimètre.	Dimensions relatives rapportées à la longueur totale prise pour unité.
Longueur totale du corps.	420	1,00
Distance de l'extrémité céphalique au pore excréteur. . .	92	0,22
Distance de l'extrémité céphalique au milieu du rudiment génital	237	0,56
Distance du milieu du rudiment génital à l'anus	150	0,36
Distance de l'anus à l'extrémité caudale	33	0,08
Longueur du vestibulum buccal	18	0,04
Longueur de l'œsophage vestibulum et bulbe compris . .	112	0,27
Diamètre maximum du corps	24	0,06

Si l'on isole par la dissection les glandes pharyngiennes d'une *Formica* infestée et si on les examine au microscope après les avoir déposées dans une gouttelette d'eau on voit, ainsi que je l'ai dit plus haut, les tubes de la glande s'agiter et s'infléchir doucement en tous sens. Les larves qui causent ces mouvements, plongées dans le liquide d'un beau jaune clair qui remplit toute la glande, sont visibles par transparence.

Il suffit, pour les faire sortir, de produire avec une fine aiguille de légères pressions sur les tubes et d'abandonner la préparation un certain temps à elle-même dans une chambre humide. Au bout de quelques heures, on les voit nager dans le liquide ambiant.

Toutes les fois que j'ai fait cette opération, j'ai constaté que la presque totalité des larves obtenues avaient à peu près atteint la taille de 400 à 440 μ, qu'elles ne doivent pas dépasser pendant leur séjour dans les glandes. Les petites larves de 200 à 230 μ. que nous avons vues sortir spontanément d'une tête de *Formica* coupée et placée dans une gouttelette d'eau, ne se rencontrent ici qu'en nombre relativement très petit.

Ainsi, tandis que parmi les larves sorties spontanément il y en avait relativement beaucoup de petites et très peu de grosses, on trouve ici un rapport inverse.

Ces observations semblent indiquer que les larves après leur entrée dans les glandes restent d'abord plusieurs jours sans grandir notablement et sont pendant ce temps capables d'abandonner leur hôte ; puis qu'elles perdent cette faculté et grossissent assez rapidement jusqu'à atteindre à peu près leur taille définitive,

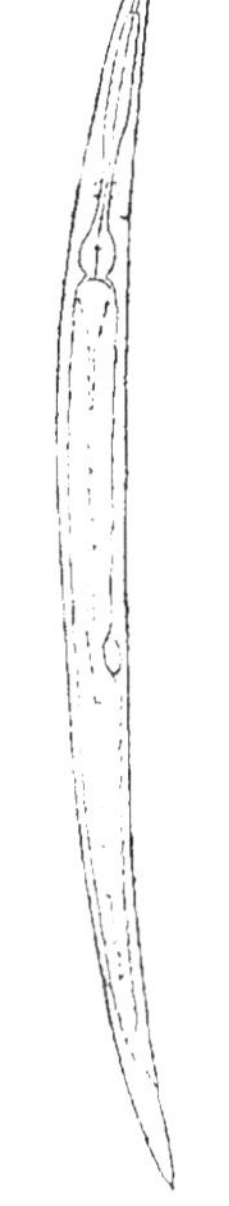

Fig. 4. — Larve qui, après être arrivée au terme de son séjour dans les glandes pharyngiennes, est sortie spontanément de la même tête de *Formica* que la jeune larve représentée fig. 3. Gross. 200.

taille qu'elles conservent ensuite pendant un temps assez long.

Les larves ne perdent à aucun moment de leur séjour dans les glandes la faculté de se mouvoir, car les dissections ne m'en ont pas fourni qui fussent immobiles et rigides. Tous les individus extraits se meuvent dans le liquide ambiant et ceux qui sont restés emprisonnés dans les acini des glandes s'y meuvent en tous sens.

Mais si les larves ont la faculté de se mouvoir, il est probable

qu'elles n'en usent guère à l'état normal, car sur les glandes dissé-
quées avec soin après fixation de la Fourmi par immersion dans
l'eau bouillante, elles sont réunies par paquets fusiformes comme
on le voit sur la figure 1. Un petit nombre d'entre elles cependant,
comme on le voit dans deux des acini représentés sur cette figure,
ne sont pas groupés avec d'autres, mais paraissent avoir été sur-
prises par la chaleur pendant qu'elles se déplaçaient, car elles sont
recourbées contre l'extrémité du tube qu'elles occupent et présentent
ainsi une forme et une position qu'on leur voit prendre à chaque
instant lorsqu'elles se meuvent dans les acini où elles sont restées
emprisonnées lors d'une dissection de la glande d'une Fourmi
vivante.

Quant au nombre des individus qui peuvent se trouver réunis
dans la tête d'une seule Fourmi, il est extrèmement variable. Chez
les *Formica rufa* ☿ à petite tète il est généralement très faible, mais
chez les individus dont la tête a un diamètre double de celui des
précédentes et par conséquent un volume huit fois plus considé-
rable, les glandes pharyngiennes peuvent être habitées par deux
ou trois centaines de larves. Quant aux dimensions de ces dernières
elles sont les mêmes, qu'elles proviennent d'une grosse ou d'une
petite *Formica*.

Ainsi que je l'ai dit plus haut, les individus qui sont groupés en
paquets fusiformes dans les glandes et paraissent rester immobiles
à l'état normal, se meuvent tous sans exception dès qu'ils sont mis
en liberté par la dissociation des tubes qu'ils habitaient. Le lendemain et les jours suivants on les retrouve tous bien agiles et
poursuivant leur développement. Il en est du moins ainsi toutes
les fois que l'on conserve la préparation dans une chambre humide
sans la recouvrir d'une lamelle.

Si, au contraire, après la dissection, on recouvre d'une lamelle la
gouttelette qui contient les larves et les détritus qui font du liquide
ambiant un milieu nutritif, les choses se passent différemment. Au
bout de quelques heures il y a bien encore, comme dans le cas précédent, un bon nombre de larves très agiles qui se portent de préfé-
rence sur le pourtour de la préparation, mais un nombre parfois plus
grand deviennent immobiles. Ils prennent une forme rigide légèrement arquée et caractéristique par son uniformité chez tous les
individus immobilisés. Cet état doit être sans doute attribué à la
composition du liquide ambiant, soit par exemple au manque
d'oxygène ou à la présence des produits de décomposition des débris
de dissociation. Les individus qui le présentent ne sont pas morts. Ils

se conservent très longtemps en bon état dans les préparations et j'ai cru reconnaître que leur nombre diminuait notablement, non pas par suite de leur décomposition mais probablement par suite du réveil d'un certain nombre d'entre eux. Il est possible que cette immobilisation frappe principalement les individus qui n'ont encore accompli qu'une faible partie du stage qu'ils devaient effectuer dans les glandes. En tout cas, elle ne s'observe que dans les élevages recouverts d'une lamelle.

Pour suivre le développement des larves obtenues par dissociation des glandes et pour éviter l'immobilisation dont je viens de parler, je conserve la préparation dans une chambre humide sans la recouvrir d'une lamelle de verre. Le liquide est rendu suffisamment nutritif par la présence de débris de la dissociation et par le produit de l'écrasement du cerveau de l'hôte. On peut d'ailleurs y ajouter une goutte de sang dilué. Au bout de quelques jours on constate que les larves se sont bien développées mais à des degrés très différents. Au bout de sept jours, on voit des individus qui paraissent presque avoir atteint leur taille définitive, tandis que d'autres n'ont guère que la taille qu'ils avaient au moment de la dissociation. Les premiers sont vraisemblablement ceux qui étaient arrivés au terme du séjour qu'ils devaient faire dans les glandes, tandis que les autres sont probablement ceux qui n'y étaient entrés que depuis peu de temps. Le raccourcissement de ce séjour ne leur serait ainsi pas funeste et, après un certain temps correspondant à ce raccourcissement, ils pourraient, comme les premiers, commencer à croître sensiblement.

Il paraît résulter des observations précédentes que des jeunes larves viennent successivement, pour ainsi dire continuellement, s'installer dans les glandes pharyngiennes d'une *Formica* pour y effectuer le séjour de durée déterminée utile à la suite de leur développement, en sorte qu'à un moment donné elle peut contenir des larves de tous âges.

Dans un élevage très prospère de larves extraites d'une tête de *Formica*, je constate au bout de douze jours qu'un très grand nombre d'œufs ont été pondus, mais je ne vois aucun jeune Ver récemment éclos. Le quatorzième jour, le nombre des œufs a beaucoup augmenté. Un grand nombre d'entre eux contiennent un jeune Ver mobile et les éclosions sont déjà nombreuses.

A partir de ce moment les grands individus sont abondants, et bien que les femelles soient beaucoup plus nombreuses que les mâles, il n'est pas difficile de trouver un certain nombre de ces derniers.

Leur queue est entièrement entourée par la bourse. Le nombre
des papilles est de neuf paires comme c'est le cas le plus fréquent
chez les *Rhabditis* et leur arrangement est bien conforme à la
disposition habituelle (Bütschli, 1873, 1, p. 96) ; de chaque côté on
a : tout près de l'extrémité caudale un groupe de trois papilles, un
peu plus haut un deuxième groupe également de trois papilles,
enfin à la hauteur des spicules trois autres papilles beaucoup plus

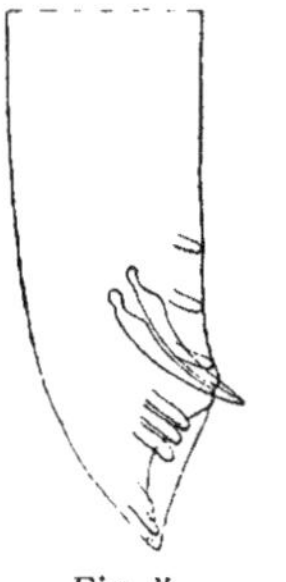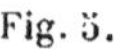

Fig. 5.   Fig. 6.   Fig. 7.

Figures 5 à 7. Gross. 400. *Pelodera Janeti* H. de Lacaze-Duthiers. Extrémité
caudale du ♂.
Fig. 5. Individu de mm. 0,700, vu de côté. — Fig. 6. Individu de mm. 0,730, vu de
trois quarts. — Fig. 7. Individu de mm. 0,730, vu de face.

espacées qu'elles ne le sont dans les deux autres groupes (fig. 5, 6, 7).
Le plus grand mâle que j'ai observé avait 730 μ de longueur totale.
Je l'ai recueilli le 20 décembre dans en élevage provenant d'une tête
de *Formica rufa* disséquée le 4 du même mois. Voici ses dimensions :

	Dimensions en millièmes de millimètre	Dimensions relatives rapportées à la longueur totale prise pour unité.
Longueur totale du corps.	730	1,00
Distance de l'extrémité céphalique au pore excréteur.	145	0,20
Longueur du vestibulum buccal.	20	0,03
Longueur de l'œsophage vestibulum et bulbe compris.	154	0,21
Diamètre maximum du corps	36	0,05

Chez les femelles (fig. 8), l'extrémité caudale est modérément
effilée. Les lèvres qui, sur certains individus, m'ont paru être au
nombre de trois, sont trop petites et trop indistinctes pour pouvoir
être décrites. Le vestibulum buccal est assez long, son contour
apparent est formé de 2 lignes bien droites et bien parallèles et sa
paroi semble être assez fortement chitinisée. L'œsophage se renfle

insensiblement en forme conique dans sa partie antérieure. Cette partie renflée s'atténue un peu plus rapidement vers le bas et se trouve nettement séparée du bulbe inférieur par une partie rétrécie à peu près cylindrique. Le tube digestif est formé de deux rangées de cellules. L'ovaire comprend deux parties qui s'étendent assez loin, l'une au-dessus, l'autre au-dessous de la vulve.

Voici les dimensions mesurées sur deux individus :

	DIMENSIONS EN MILLIÈMES DE MILLIMÈTRE		DIMENSIONS RELATIVES RAPPORTÉES A LA LONGUEUR TOTALE PRISE POUR UNITÉ	
	1er échantillon	2e échantillon	1er échantillon	2e échantillon
Longueur totale du corps	800	944	1,00	1,00
Distance de l'extrémité céphalique au pore excréteur	145	168	0,18	0,18
Distance de l'extrémité céphalique à la vulve.	464	528	0,58	0,56
Distance de la vulve à l'anus. . . .	288	352	0,36	0,37
Distance de l'anus à l'extrémité caudale.	48	64	0,06	0,07
Longueur du vestibulum buccal . .	20	28	0,025	0,030
Longueur de l'œsophage vestibulum et bulbe compris	176	204	0,22	0,22
Diamètre maximum du corps. . . .	40	45	0,05	0,05

La partie du tube digestif qui fait suite au bulbe œsophagien présente généralement une lumière assez étroite, rectiligne ou légèrement ondulée. Elle peut être plus ou moins dilatée par la présence des liquides nutritifs absorbés par l'animal. Par exemple, on voit assez fréquemment la lumière conserver dans presque toute sa longueur un calibre étroit et se dilater seulement soit à sa partie supérieure immédiatement après le bulbe, soit à sa partie inférieure immédiatement en avant du sphincter qui précède le rectum (fig. 8).

Quelquefois j'ai vu le tube digestif venir momentanément recouvrir le bulbe œsophagien comme on le voit en pointillé sur la fig. 9. Dans ce cas la cavité qui existait à la suite du bulbe se trouvait supprimée. Le liquide nutritif qui la remplisssait était alors refoulé en arrière, traversait rapidement les parties suivantes du tube digestif et venait dilater la portion terminale précédant le rectum (fig. 8).

Lorsqu'au contraire la cavité antérieure se reformait par la dévagination du bulbe et reprenait la disposition représentée en traits pleins (fig. 9), on voyait le liquide remonter contre le bulbe, tandis que le reste du tube digestif se vidait à peu près çomplètement.

De temps à autre, on voit une petite quantité de liquide franchir le rétrécissement qui précède le rectum et remplir ce dernier en lui donnant la forme d'une vésicule piriforme jusqu'au moment où, quelques instants après, il se vide entièrement à la suite de l'expulsion brusque de son contenu par l'anus.

On peut aussi, assez fréquemment, observer les déformations de la cavité centrale du bulbe. Tandis qu'à l'état de repos ce vide affecte la forme représentée en traits pleins dans les figures 8 et 9, on le voit prendre brusquement, et pendant un temps très court, la forme indiquée en ponctué sur la figure 9. Il est à remarquer que, pendant cette déformation et cet agrandissement, les angles latéraux du contour de la cavité restent aux points mêmes où ils se trouvaient pendant l'état de repos.

Dans les élevages obtenus en isolant dans un milieu nutritif recouvert d'une lamelle partiellement bordée de paraffine quelques grosses femelles provenant de larves extraites des glandes, on constate au bout de peu de temps une ponte abondante, puis l'éclosion de nombreux jeunes qui se développent rapidement. Si le milieu est bien convenable, les individus pullulent bientôt. Des Moisissures apparaissent en même temps et s'étendent dans les parties où l'air a pénétré. Les *Rhabditis* sortent souvent du milieu liquide où ils nagent et on les voit ramper à la surface du verre humide au milieu des Moisissures.

Fig. 8. — Gross. 200. *Pelodera Janeti* H. de Lacaze-Duthiers. Individu long de mm. 0.900 vu de côté. La région œsophagienne et la région caudale sont seules représentées.

Dans les élevages un peu anciens, j'ai constaté que les gros individus sont beaucoup plus clairs et plus transparents que dans les élevages préparés depuis peu de jours. A cet état, les organes internes sont plus faciles à observer. Les granulations foncées des deux rangées de cellules qui constituent le tube

digestif sont devenues beaucoup moins visibles. Les femelles
contiennent beaucoup moins d'œufs. A l'œil nu ou à la loupe,
ces femelles présentent un aspect vitreux, tandis que celles
des élevages récents sont d'un blanc opaque.

Les femelles, dans mes élevages, ne dépassent
guère 900 μ de longueur. Dans les élevages un
peu anciens où elles ont pullulé, je trouve
constamment un certain nombre de cadavres
de 800 à 900 μ, qui paraissent être arrivés au
terme de leur développement. Ces *Rhabditis*
morts contiennent presque toujours quelques
œufs qui continuent à se développer et ne
tardent pas à éclore dans le corps de leur mère.

Si on conserve ces cadavres pendant quelques
jours, leur cuticule chitineuse devient, non pas
finement annelée comme on le voit sur l'animal
vivant que l'on a légèrement vidé par une faible
compression, mais très finement granulée.

Souvent la partie antérieure de la cuticule
s'élargit de manière à ne plus présenter la
forme conique, effilée de l'animal vivant, mais
bien la forme d'un tube cylindrique nettement
coupé à l'extrémié buccale. L'œsophage reste

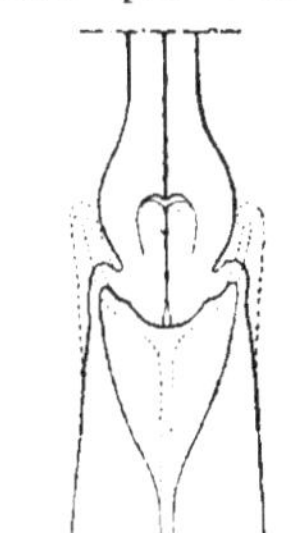

Fig. 9. — Gross. 200.
Bulbe inférieur de
l'œsophage chez une
femelle longue de
mm. 0,800. Cette
figure montre en
trait ponctué le chan-
gement de forme de
la cavité du bulbe
pendant l'aspiration
des liquides. Elle
montre aussi, en trait
pointillé, la manière
dont la partie anté-
rieure de l'estomac
vient coiffer le bulbe.

longtemps bien reconnaissable dans l'axe de ce tube cylindrique.

Je n'ai vu les jeunes éclore dans le corps de la mère que lorsque
celle-ci était morte. Généralement, la segmen-
tation est très avancée au moment de la ponte,
mais l'embryon n'est pas encore formé. Les
œufs ont de 24 à 28 μ de diamètre et de 48 à
52 μ de longueur. Les œufs sur le point d'éclore
se distinguent à la loupe assez facilement de
ceux qui ne sont pas encore aussi avancés, en
ce qu'ils sont assez transparents, tandis que les
seconds sont beaucoup plus opaques. Au microscope, il suffit d'un assez faible grossissement
pour distinguer l'embryon.

Pour extraire ces œufs de mes élevages et
les isoler dans une goutte d'eau, je me suis

Fig. 10. — Gross. 200.
Jeune larve à sa sor-
tie de l'œuf.

servi d'un poil de blaireau bien pointu, préalablement trempé
dans une dissolution épaisse de gomme arabique. La petite
gouttelette qui adhère à l'extrémité, ou tout au moins dans le

voisinage de l'extrémité du poil, se dessèche en quelques instants. Si on l'amène rapidement au contact de l'œuf à isoler, elle se ramollit instantanément au point de l'engluer, ce qui permet de l'enlever. Il suffit de laisser ensuite l'extrémité du poil pendant quelques secondes dans une goutte d'eau pour dissoudre la gomme et libérer l'œuf.

L'embryon se meut pendant plusieurs heures avant l'éclosion, en se roulant en tous sens dans l'intérieur des membranes de l'œuf. Tout d'un coup, ces dernières se rompent et la moitié à peu près du petit Ver sort brusquement. Les mouvements qu'il fait alors, mouvements pendant lesquels on le voit parfois rentrer partiellement dans l'œuf, se terminent au bout de quelques secondes par une brusque secousse, à la suite de laquelle on voit la jeune larve entièrement sortie de ses enveloppes, qui restent parfois pendant un certain temps adhérentes à l'extrémité caudale.

On sait que les Nématodes peuvent en général supporter sans mourir un certain degré de dessiccation. Si on laisse s'évaporer la goutte d'eau qui contient ceux que nous étudions ici, on les retrouve tous immobiles et collés sur la lame de verre. Parfois le tube digestif qui, normalement, est tout à fait rectiligne, présente à la suite de cette dessiccation quelques ondulations. Si, peu de temps après, on les recouvre à nouveau d'une goutte d'eau, on constate le plus souvent qu'ils se remettent en mouvement. Lorsque, la dessiccation ayant été poussée un peu trop loin ou ayant été de trop longue durée, les Nématodes ne reviennent pas à la vie, les œufs contenus dans leur corps peuvent cependant être restés vivants et bientôt on les voit éclore dans le corps inanimé de leur mère. Ces éclosions sont d'ailleurs fréquentes, ainsi que je l'ai dit plus haut, chez les grosses femelles mortes spontanément, et souvent on voit dans leur intérieur, pendant plusieurs jours, un jeune Ver qui, malgré tous ses efforts, ne peut sortir de sa prison.

Les jeunes qui viennent d'éclore se meuvent vivement. Parfois ils nagent tout à fait librement, le plus souvent ils se meuvent sur place étant fixés par leur queue au verre ou aux détritus contenus dans la préparation. J'en ai vu plusieurs fois qui étaient collés par leur extrémité caudale à la bouche d'une grosse femelle et cette dernière cherchait en vain à s'en débarrasser. Parfois ils traînent un ou deux œufs collés à leur queue.

Les dimensions moyennes de plusieurs individus, mesurés au moment de l'éclosion, sont :

	Dimensions en millièmes de millimètre	Dimensions relatives rapportées à la longueur totale prise pour unité.
Longueur totale du corps	230	1,00
Distance de l'extrémité céphalique au pore excréteur .	72	0,31
Distance de l'extrémité céphalique au milieu du rudiment génital	131	0,57
Distance du milieu du rudiment génital à l'anus . . .	62	0,27
Distance de l'anus à l'extrémité caudale	37	0,16
Longueur du vestibulum buccal	14	0,06
Longueur de l'œsophage vestibulum et bulbe compris .	85	0,37
Distance de l'extrémité buccale au milieu du collier nerveux	62	0,27
Diamètre maximum du corps	13	0,06

Les individus fixés par l'action de la chaleur sur la lame qui les porte et abandonnés pendant une demi-heure dans l'eau s'allongent parfois d'une petite quantité qui peut aller jusqu'à 10 p. c. C'est ainsi que pour un échantillon ayant bien exactement 220 μ au moment de l'éclosion, j'ai trouvé, après fixation et séjour d'une demi-heure sur la lame porte-objet, une longueur totale de 240 μ.

L'anneau nerveux est bien net dès la sortie de l'œuf. Sa hauteur est d'environ 6 μ. Le rudiment génital présente sur la larve, vue de profil au moment de son éclosion comme au moment où elle vient de pénétrer dans les glandes pharyngiennes de la *Formica*, une longueur de 6 μ sur 3 μ d'épaisseur.

J'ai isolé un certain nombre d'œufs pondus par les femelles provenant des larves extraites de la tête d'une *Formica rufa*. J'ai élevé dans un liquide nutritif les jeunes larves sorties de ces œufs et j'ai constaté qu'elles grandissaient assez rapidement sans avoir besoin de passer, comme l'avait fait leur mère, par la phase de parasitisme dans les glandes d'une Fourmi.

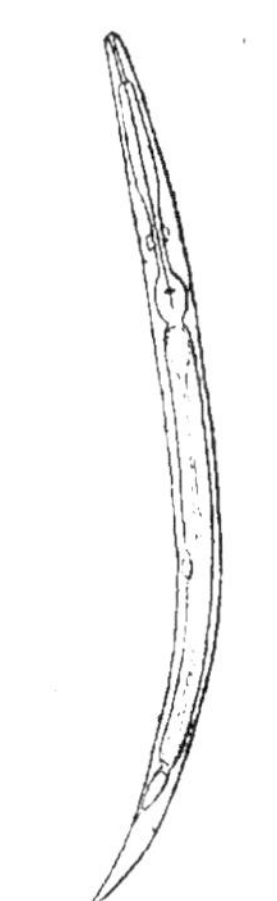

Fig. 11. — Gross. 200. Jeune larve, une quarantaine d'heures après sa sortie de l'œuf.

La figure 11, par exemple, représente une jeune larve une quarantaine d'heures après son éclosion. Sa longueur est alors de 310 μ. Elle a donc notablement franchi la taille des jeunes larves, dont j'ai parlé plus haut, qui viennent de s'installer dans les glandes.

Dans un autre élevage, contenant en tout trois grosses femelles provenant de la dissociation d'une tête de Fourmi, j'ai constaté au bout de quelques jours l'éclosion de nombreuses larves très jeunes. Cinq ou six jours après, un grand nombre d'entre elles avaient atteint une longueur de 460 μ avec un diamètre de 20 μ. Ces larves avaient donc franchi la taille à laquelle leur mère avait terminé son séjour dans les glandes de son hôte, et c'est là par conséquent une phase qu'elles ne traverseront pas. Quelques jours après elles avaient atteint 520 μ : le rudiment génital présentait encore la forme d'une petite masse ovoïde.

L'élevage de *Formica rufa* qui m'a fourni les *Rhabditis* faisant l'objet de cette note, ne contenant qu'un nombre assez limité d'individus, il s'est trouvé assez rapidement sur le point d'être épuisé par suite des prélèvements que j'ai eu à y faire pour mes recherches. Pour éviter d'être dépourvu de matériaux, j'ai déterminé l'envahissement d'une colonie qui était jusqu'alors indemne, car la dissection d'une dizaine de têtes ne me fournit aucun nématode. Cette colonie était le produit d'une récolte faite avec de nombreux cocons, au mois de septembre précédent, dans une localité différente de celle qui m'avait fourni les Fourmis infestées. Pour obtenir son envahissement, j'ai enlevé les quelques *Formica* infestées qui me restaient du nid qu'elles avaient habité jusqu'alors et dans lequel des détritus et l'abreuvoir contenaient beaucoup de *Rhabditis* adultes, puis, en ayant soin d'y conserver ces détritus et l'abreuvoir, je fis emménager, le 13 décembre, dans ce nid infesté, la colonie indemne. Le 4 janvier 1894, je disséquai les têtes d'une dizaine d'individus de ce nouvel élevage et je trouvai dans presque toutes un bon nombre de larves. L'envahissement était donc obtenu.

Les caractères du Nématode qui vit à l'état larvaire dans les glandes pharyngiennes de *Formica rufa* en font un *Rhabditis* du sous-genre *Pelodera* de Schneider. M. H. de Lacaze-Duthiers (1) a proposé de me dédier cette espèce probablement nouvelle.

Toutefois, parmi les espèces dont j'ai pu comparer la description avec le *Pelodera Janeti* H. de Lac.-Duth., il en est une. *Anguillula brevispinus* Claus (2. p. 354. pl. XXXV. fig. 1 et 2) qui s'en rapproche notablement.

Bütschli (1. p. 104. fig. 55, *Rhabditis brevispina*) rapporte à cette dernière espèce une forme dont il n'a pu observer que quelques femelles ayant les dimensions suivantes. La longueur maxima observée est de mm. 0,8. Rapportées à la longueur totale, la

---

(1) Comptes-rendus de l'Acad. des sc., CXVII. p. 702.

longueur de l'œsophage est de 0,200 et celle de la queue de 0,083. La vulve est située un peu au-dessous de la longueur totale.

Ces dimensions et la figure que donne Bütschli montrent que l'espèce qu'il a eue sous les yeux et celle que j'ai obtenue en élevant les larves des glandes pharyngiennes de *Formica rufa* sont tout au moins assez voisines.

Cependant mes échantillons femelles, comparés à la figure donnée par Bütschli, présentent quelques différences. Leur diamètre relatif est un peu plus faible. La partie antérieure de l'œsophage est régulièrement conique au lieu de présenter un renflement légèrement étranglé dans la partie moyenne.

Comparés à la figure originale de Claus mes échantillons présentent les différences suivantes (fig. 8). Le renflement antérieur de l'œsophage est régulièrement conique. Le pore abdominal est plus rapproché du bulbe œsophagien. L'extrémité caudale ne présente jamais, à l'état adulte, une forme aussi rétrécie à l'endroit où elle s'effile en pointe. Cette extrémité est beaucoup plus régulièrement conique et l'on n'a pas cette pointe effilée aciculaire « nadelförmige Spitze » d'où l'auteur a tiré le nom de son espèce. Ce n'est que sur les larves contenues dans les glandes pharyngiennes que l'extrémité caudale tend à prendre cette forme. La queue est plus longue et les ovaires s'étendent plus loin.

Quant aux mâles de mes élevages, ils présentent de la façon la plus nette une bourse passant autour de l'extrémité caudale (fig. 6 et 7). Au contraire, dans la figure donnée par Claus la queue se prolonge assez notablement au-delà de la bourse.

La femelle de *Rhabditis brevispina* Claus est également décrite et figurée dans le bel ouvrage de de Man sur les Nématodes des Pays-Bas (8, p. 122, fig. 79). Voici les dimensions données par cet auteur comparées avec celles de l'espèce des glandes des Fourmis :

	R. BREVISPINA	R. JANETI
Longueur totale du corps.	mm 1,10	mm 0,80 à 0,94
Rapport de la longueur totale du corps au diamètre.	20	20
Rapport de la longueur totale du corps à la longueur totale de l'œsophage.	5 à 5 1/2	4 1/2
Rapport de la longueur totale du corps à la longueur de la queue.	9 à 9 1/2	15 à 17

Le rapport de la longueur du vestibulum buccal à la longueur de l'œsophage est sensiblement le même dans les deux espèces : mais tandis que dans la première la partie des organes génitaux qui est située en arrière de la vulve ne s'étend que peu au-delà du milieu de la distance qui sépare cet orifice de l'anus, dans la seconde elle s'étend notablement plus loin.

Pour de Man, l'espèce que Bütschli (1) décrit sous le nom de *Rhabditis brevispina* Claus est en réalité une espèce différente qui se distingue en particulier par une plus grande extension des organes génitaux et une queue relativement plus courte.

INDEX BIBLIOGRAPHIQUE

1. Bütschli, O., *Beiträge zur Kenntniss der freilebenden Nematoden*. Nova Acta der ksl. Leop.-Carol. deutsch. Akad. d. Naturforscher, XXXVI. Dresden. 1873.

2. Claus, C., *Ueber einige im Humus lebende Anguillulinen*. Zeitsch. f. wiss. Zool, XII, p. 354.

3. Forel, Auguste, *Les Fourmis de la Suisse*, 1874.

4. Janet, Charles, *Sur les Nématodes des glandes pharyngiennes des Fourmis (Pelodera sp.)*. Comptes-rend. Acad. des sc., CXVII, p. 700. Paris, 1893.

5. Meinert, Fr., *Bidrag til danske Myrers Naturhistorie*, 1860.

6. von Linstow, O., *Compendium der Helminthologie*, 1878.

7. von Linstow, O., *Compendium der Helminthologie. Nachtrag*, 1889.

8. de Man, J.-G., *Die frei in der reinen Erde und im süssen Wasser lebenden Nematoden der niederländischen Fauna*, 1884.